Ali Babalifashki

Biologia do gafanhoto do deserto e processos de controlo

Ali Babalifashki

Biologia do gafanhoto do deserto e processos de controlo

Imprint

Any brand names and product names mentioned in this book are subject to trademark, brand or patent protection and are trademarks or registered trademarks of their respective holders. The use of brand names, product names, common names, trade names, product descriptions etc. even without a particular marking in this work is in no way to be construed to mean that such names may be regarded as unrestricted in respect of trademark and brand protection legislation and could thus be used by anyone.

Cover image: www.ingimage.com

This book is a translation from the original published under ISBN 978-620-2-02352-8.

Publisher:
Sciencia Scripts
is a trademark of
Dodo Books Indian Ocean Ltd. and OmniScriptum S.R.L publishing group

120 High Road, East Finchley, London, N2 9ED, United Kingdom
Str. Armeneasca 28/1, office 1, Chisinau MD-2012, Republic of Moldova, Europe
Printed at: see last page
ISBN: 978-620-7-76115-9

PARTE 1

INTRODUÇÃO

O que são os gafanhotos?

Os gafanhotos pertencem a um grande grupo de insectos vulgarmente designado por gafanhotos e podem ser reconhecidos pelas suas grandes patas traseiras, que são utilizadas para saltar. Todos os gafanhotos (exceto os chamados gafanhotos de chifres longos) pertencem à superfamília Acridoidea. Os gafanhotos mais importantes pertencem todos à família Acrididae.

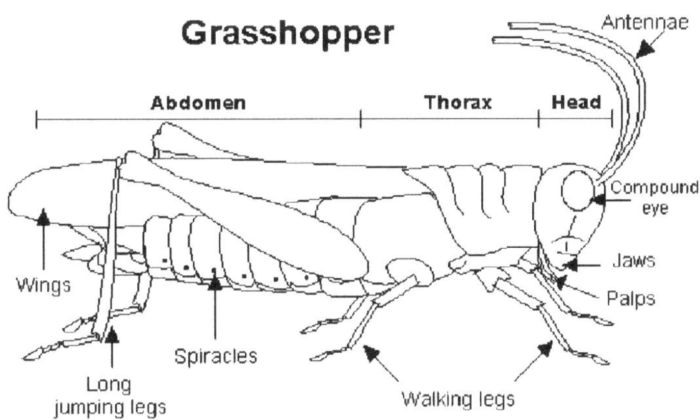

Fig. 1 Morfologia dos gafanhotos e gafanhotos

Os gafanhotos são gafanhotos especiais, geralmente grandes, que podem mudar os seus hábitos e comportamentos quando aparecem em grande número. Quando o seu número aumenta, tornam-se gregários e ficam juntos em grupos densos. Estes grupos são designados por enxames. Se forem constituídos por adultos, chamam-se enxames, e se forem constituídos por juvenis sem asas, chamam-se saltadores.

Os enxames de várias espécies de gafanhotos podem migrar para longas distâncias, e este comportamento gregário é a caraterística marcante que distingue os gafanhotos típicos dos outros gafanhotos. Quando os gafanhotos se deslocam em pequenos números, vivem a sua vida individual como os gafanhotos normais. O gafanhoto do deserto (*Shistocerca gregaria*) é provavelmente a espécie de gafanhoto mais importante. Neste artigo, vamos falar sobre o gafanhoto do deserto.

Gafanhoto do deserto (*Schistocerca gregaria***):**

O gafanhoto do deserto *Schistocerca gregaria* (Forskal) pertence aos gafanhotos de chifres curtos (Acridoidea), que são conhecidos por alterarem o seu comportamento e fisiologia em resposta a mudanças na densidade populacional, formando enxames de adultos ou grupos de saltadores. Os enxames podem ser constituídos por milhões de indivíduos que se comportam em conjunto; podem migrar ao longo de centenas ou mesmo milhares de quilómetros. Os enxames podem conter um número semelhante de ninfas não voadoras, que também actuam como uma unidade coesa. Os gafanhotos verdadeiros não formam bandos ou enxames verdadeiros. No entanto, existem algumas espécies, como o *Dociostaurus maroccanus,* que formam ocasionalmente pequenos enxames soltos. Os gafanhotos, como o gafanhoto-das-árvores (*Anacridium sp.*), raramente formam enxames. Algumas espécies de gafanhotos, como o gafanhoto da peste australiano (*Chortoicetes terminifera*), não alteram a sua forma e cor em resposta a mudanças de densidade. Os gafanhotos do deserto vivem geralmente em desertos semi-áridos e áridos, de África ao Médio Oriente e ao sudoeste da Ásia.

CLASS	INSECTA	
ORDER	ORTHOPTERA	Grasshoppers (about 20 000 species worldwide)
SUBORDER	CAELIFERA	Short-horned grasshoppers (about 10 000 species worldwide)
SUPERFAMILY	ACRIDOIDEA	
FAMILY	ACRIDIDAE	Grasshoppers and locusts
SUBFAMILY	CYRTACANTHACRIDINAE	
GENUS	*Schistocerca*	
SPECIES	*gregaria*	

Fig. 2 Classificação do gafanhoto do

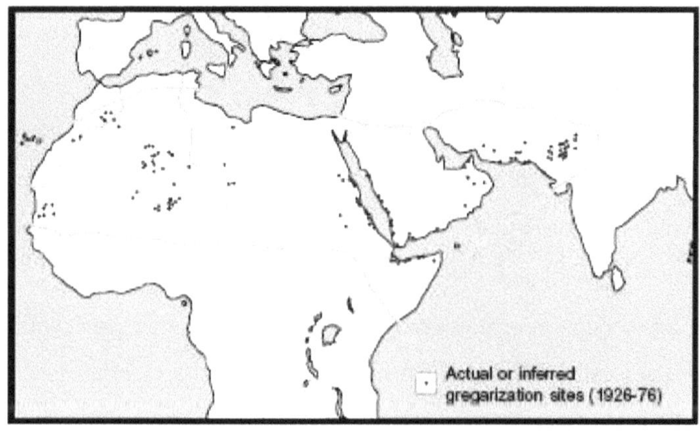

Source: Waloff, Z. 1981 *in* D. Pedgley, ed. *Desert Locust Forecasting Manual*.

Fig. 3 Distribuição do gafanhoto do deserto no mundo

CICLO DE VIDA DO GAFANHOTO DO DESERTO, DURAÇÃO DA VIDA

O gafanhoto do deserto vive entre 3 e 5 meses, embora este período seja extremamente variável e dependa das condições climatéricas e ambientais. O seu ciclo de vida inclui

três fases: ovo, funil e adulto. As fêmeas põem caixas de ovos contendo 80 a 158 ovos em solo nu e frequentemente, mas não exclusivamente, em solo arenoso húmido. Em condições óptimas, os ovos eclodem em cerca de duas semanas, embora este período possa variar de 10 a 65 dias (Ashall e Ellis 1962; Roffey e Popov 1968). As crias que eclodem desenvolvem-se em cinco a seis fases ao longo de um período de cerca de 30-40 dias, dependendo da temperatura e das condições climatéricas. Os jovens adultos (ou juvenis) eclodem durante a última muda. °Em condições favoráveis (vegetação luxuriante, temperaturas máximas diárias iguais ou superiores a 30 C e precipitação suficiente para o crescimento da vegetação), os adultos atingem geralmente a maturidade sexual em cerca de três semanas, embora este processo possa demorar até oito semanas.

Se as condições forem frias ou secas e, por conseguinte, desfavoráveis à maturação final, os adultos imaturos podem sobreviver durante seis meses ou mais. A grande maioria dos ovos postos sobrevive e eclode. Por outro lado, muito poucos dos que saem do ovo sobrevivem até à eclosão. A maioria morre durante a primeira fase devido a reservas insuficientes de água, canibalismo e predação por formigas. No entanto, entre 5 e 10 adultos viáveis eclodem de uma única fêmea (Greathead 1966; Roffey e Popov 1968).

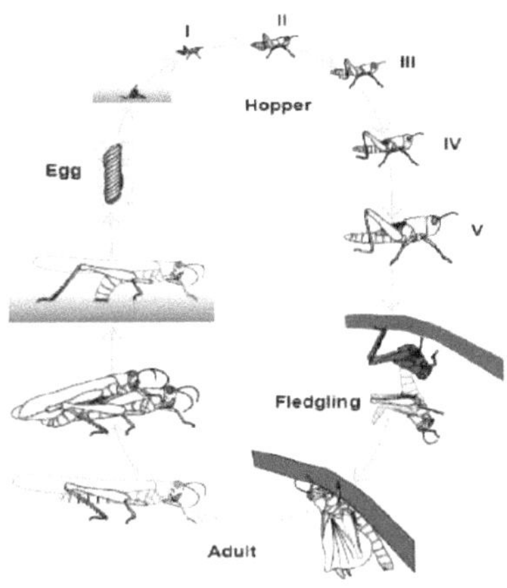

Fig. 4: O ciclo de vida do gafanhoto

Life cycle parameters

Stages	Egg, hopper, adult	
Duration	Egg	10-65 days
	Hopper	24-95 days (36 days average)
	Adult	2.5-5 months
	Laying-fledging	40-50 days
	Adult maturation	3 weeks-9 months (2-4 months average)
	Total	2-6 months
Larval moults	5-6 (solitarious), 5 (gregarious)	
Phases	Solitarious, transiens, gregarious	
Affected area	16 million km² (recession), 29 million km² (invasion)	

Figura 5: Parâmetros do ciclo de vida

__ADULTOS IMATUROS__

Os adultos imaturos são geralmente cor-de-rosa, mais claros ou mais escuros, consoante os gafanhotos tenham sido criados a altas ou baixas temperaturas. A cor rosa brilhante pode mudar para um vermelho acastanhado se os gafanhotos tiverem passado mais de 2 meses nesta fase imatura.

Fig. 6 Adultos imaturos (cor-de-rosa)

<u>MATURAÇÃO</u>

Os gafanhotos do deserto podem atingir a maturidade sexual em poucas semanas ou meses, consoante as condições ambientais. Em condições climatéricas e alimentares desfavoráveis, por exemplo, quando expostos a baixas temperaturas e à seca, a maturação pode demorar até 6 meses. Se encontrarem o alimento e o clima adequados, a maturação pode ocorrer num prazo de 2 a 4 semanas. (Grasshopper Handbook, Steedman, A. 1990). As condições exactas em que os gafanhotos amadurecem não são conhecidas, mas o processo está geralmente associado ao início da estação das chuvas. Os gafanhotos machos começam a amadurecer primeiro e depois libertam uma substância química através da sua pele, cujo odor desencadeia o início da maturação nas fêmeas e também nos machos em que esta ainda não começou.

O início da maturação pode ser reconhecido pelo desaparecimento da coloração cor-de-rosa da tíbia posterior; nesta fase, a gema é depositada nos ovos. Nesta fase, os ovos das fêmeas de gafanhotos começam a acumular gema e, à medida que atingem o seu tamanho máximo durante a semana seguinte, as aberturas abdominais das fêmeas ficam distendidas.

ADULTOS MADUROS

Os animais adultos são de cor amarela, sendo os machos de um amarelo mais claro do que as fêmeas. Os ovários dos gafanhotos fêmeas contêm ovos, que podem ser facilmente vistos quando o abdómen é retirado do tórax. Nesta fase, os grandes enxames dividem-se em enxames mais pequenos, uma vez que os gafanhotos maduros se instalam primeiro no solo para se reproduzirem, enquanto os que ainda não estão completamente maduros voam.

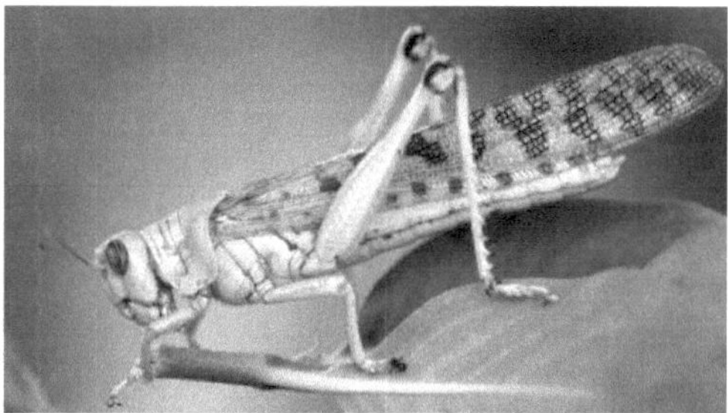

Fig. 7 Animais adultos (cor amarela)

COUPULAÇÃO

Este é o ato de acasalamento. O macho salta para as costas da fêmea e agarra-se a ela com o par de patas da frente. As pontas das suas nádegas tocam-se e os gâmetas masculinos (espermatozóides) são transferidos para o corpo da fêmea, onde fecundam os ovos. A duração da cópula varia entre 3 e 14 horas. Várias fêmeas podem ser fecundadas por um só macho e os espermatozóides podem ser armazenados no corpo da fêmea e utilizados para fecundar mais do que um conjunto de ovos. Por vezes, o número de machos é muito superior ao de fêmeas num bando adulto, o que provoca lutas entre os machos pela posse das fêmeas.

Fig. 8 Acasalamento de animais adultos (cor amarela)

LEGENDA E OVOS

Uma vez terminado o acasalamento, os machos permanecem durante algum tempo no dorso das fêmeas. As fêmeas ficam inquietas e passeiam com os ovos. Começam a selecionar um local adequado para depositar os ovos, examinando e testando o solo com a ponta do abdómen. Desta forma, podem determinar o calor, a dureza, a humidade e o teor de sal do solo. Nesta fase, são também atraídos uns pelos outros e juntam-se em grupos.

A escolha dos locais de postura depende então das condições do solo e da vegetação, por um lado, e da presença de outros gafanhotos, por outro. A oviposição pode ter lugar a qualquer hora do dia ou da noite, desde que a superfície do solo não esteja demasiado quente ou fria e que o solo esteja húmido, pelo menos abaixo da superfície. A oviposição pode também ter lugar numa grande variedade de tipos de solo, desde areia bastante grossa a argila siltosa, mas a fêmea deve poder escavar o solo com as extremidades do seu abdómen (6-10 cm).

Quando encontra um local adequado, a fêmea empurra o ovipositor para o solo e cava um buraco. O abdómen expande-se até cerca do dobro do seu comprimento normal e os ovos são postos. Todo o processo de sondagem, escavação e postura demora 1,5 a 2 horas. Um enxame que copula e põe ovos permanece normalmente na mesma zona durante 1 a 2 dias. Por vezes, a cópula ocorre com fêmeas que não parecem estar ainda completamente maduras, ou seja, fêmeas cujos ovos não estão ainda completamente desenvolvidos. As fêmeas maduras dos gafanhotos cavam frequentemente buracos sem aí depositarem os ovos, embora as condições do solo pareçam adequadas; não se conhecem as razões deste comportamento. Por vezes, observam-se fêmeas que põem os seus ovos à superfície do solo ou em árvores. Este comportamento deve-se geralmente ao facto de o solo ser demasiado duro e seco. Uma vez que os ovos estão completamente desenvolvidos no interior da fêmea, esta só os pode conservar durante cerca de 3 dias, após os quais devem ser postos, independentemente da existência ou não de solo adequado. Os ovos postos na superfície do solo ou nas árvores não eclodem.

Estas anomalias de postura, especialmente se ocorrerem em grande escala, representam uma infestação significativa e devem ser mencionadas nos relatórios de rotina ou comunicadas separadamente.
A fêmea do gafanhoto põe muitos ovos de uma só vez, que são unidos por uma secção espumosa que os forma numa caixa de ovos. A casca do ovo tem 3 a 4 cm de comprimento e a base encontra-se geralmente a cerca de 10 cm de profundidade no solo. A substância espumosa endurece sobre os ovos e forma um tampão que chega quase à superfície do solo. O tampão impede que os ovos sequem e também proporciona um meio através do qual os jovens recém-nascidos podem chegar facilmente à superfície quando eclodem. As caixas de ovos são quase sempre colocadas em grupos, que podem ser grandes ou pequenos. Este facto é útil para registar a densidade máxima num metro quadrado. A área em que as caixas de ovos são depositadas, que pode variar entre alguns metros quadrados e um quilómetro quadrado ou mais, é designada por campo de ovos.
O número de ovos numa cápsula pode variar de cerca de 20 a mais de 100, mas o número de gafanhotos em enxameação situa-se geralmente entre 70-80 ovos na primeira postura, entre 60-70 na segunda postura e menos de 50 na terceira postura, se esta ocorrer.

Após a postura, os ovos são amarelos, mas no solo tornam-se castanhos. Os ovos absorvem água do solo, cerca do seu próprio peso em água nos primeiros 5 dias, se esta estiver disponível nessa altura, o que é suficiente para permitir o seu desenvolvimento com êxito. A investigação demonstrou que 20 mm de água são suficientes. Se não receberem esta quantidade de água, não eclodirão. No entanto, se não houver água suficiente no solo nos primeiros dias, não eclodirão até que tenha caído mais chuva. Não é possível que os ovos de gafanhoto do deserto permaneçam secos no solo de uma estação chuvosa para a outra e eclodam quando chove.

Fig. 9 Ovos postos por animais adultos

Egg parameters

Laying depth	5-15 cm
Laying period	7-30 hours
No. times female lays	2-3
Interval between laying	6-11 days
Eggs/pod	150, 120, 60 (solitary); 60-80, 50-70, 35-70 (gregarious)
Eggs/generation	400/female (solitary); 140/female (gregarious)
Egg pod densities	200-500/m^2 in groups
Average density	5/m^2
Pod length	3-4 cm
Incubation period	10-65 days
Mortality	5-65% (range); 13% (average, solitary); 33% (average, gregarious)

Note: some of these figures are typical estimates in the field or laboratory

Fig. 10 Parâmetros dos ovos

PERÍODO DE INCUBAÇÃO E ECLOSÃO

O período de desenvolvimento dos ovos entre a postura e a eclosão é conhecido como período de incubação. Estudos demonstraram que cerca de 20 mm de precipitação num curto período de tempo são suficientes para que os ovos completem o seu desenvolvimento. A chuva não tem de cair sobre o local de reprodução, pois as áreas podem ficar suficientemente húmidas devido ao escoamento das colinas e montanhas próximas. No entanto, se os ovos não absorverem humidade suficiente nos primeiros dias, podem permanecer em estado de dormência e continuar o seu desenvolvimento quando voltarem a ser humedecidos. Na prática, tem-se observado um período de dormência de até 60 dias. A velocidade de desenvolvimento dos ovos depende da temperatura do solo; quanto mais quente for o solo, mais rapidamente os ovos se desenvolvem.

A velocidade de desenvolvimento dos ovos varia consoante a temperatura do solo. Nas zonas de reprodução estival da África Ocidental, na costa do Mar Vermelho e nas planícies do Índico, por exemplo, o período de incubação dura 10 a 14 dias; nas zonas de reprodução primaveril mais frescas da África Central, do sul do Irão e do Paquistão, esse período é prolongado para 25 a 30 dias, enquanto no Norte de África pode demorar até 70 dias em tempo excecionalmente frio, mas pode ser mais curto em tempo quente (Locust handbook, Steedman, A., 1990). 1990) Quando as crias estão completamente desenvolvidas nos ovos, libertam-se da casca do ovo, deslocam-se através do tubo de espuma até à superfície e libertam imediatamente uma fina pele branca. Estas membranas brancas são claramente visíveis na superfície inferior e constituem um sinal de que os juvenis eclodiram recentemente. A eclosão ocorre imediatamente antes ou no espaço de 3 horas após o nascer do sol e, normalmente, todas as crias emergem da casca do ovo na mesma manhã. Normalmente são necessários 3 dias para que um campo de ovos inteiro ecloda completamente, mas já foram observados períodos mais longos. Apenas algumas crias eclodem no primeiro destes dias. A maior parte eclode no segundo dia e alguns mais no terceiro.

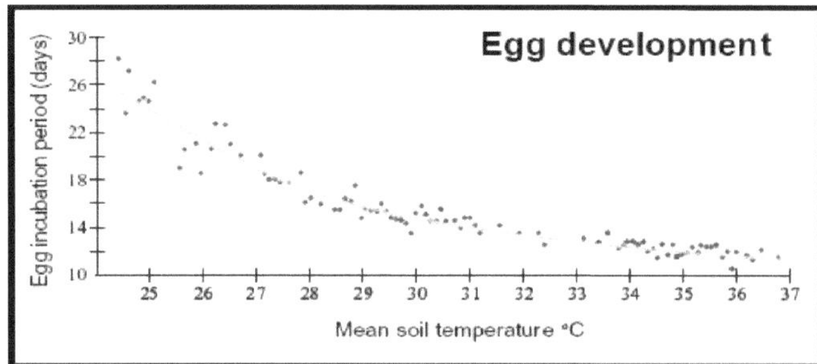

Fig. 11 Relação entre a temperatura e a incubação dos ovos

HOPPERS:

Quando a eclosão está concluída, podem observar-se pequenos e grandes grupos de recém-nascidos em todo o local de postura dos ovos. No primeiro dia após a eclosão, os fungos movem-se por vezes apenas ligeiramente, mas após um ou dois dias os grupos de fungos juntam-se para formar grupos maiores que se movem e que são conhecidos como bandas.

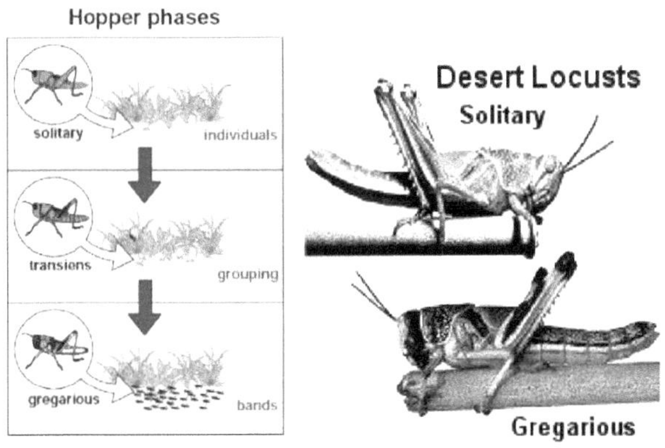

Fig. 12 Gafanhotos do deserto (verde na fase solitária, castanho/preto na fase gregária)

DESENVOLVIMENTO DE FUNIS:

Tal como os ovos, os funis também se desenvolvem mais rapidamente a temperaturas mais quentes. °cAs experiências de laboratório mostraram que os funis se desenvolvem 1,5 % por dia a uma temperatura de 24 graus Celsius e 5 % a 38 graus Celsius ( ). A duração total do desenvolvimento do funil seria, por conseguinte, de 25-57 dias. O quadro seguinte mostra o intervalo de desenvolvimento do funil e os parâmetros do funil.

Fig. 13 Parâmetros dos funis solitários

Solitary hopper parameters

Instars	5-6
Colour	Green or greenish
Eyestripes	7
Development period	30-39 days (summer breeding areas and Red Sea)
	28-48 days (cooler periods, e.g. northwest Africa)
Average duration of L1-L4	6-7 days/instar
Average duration of L5-L6	7-10 days
Mortality	70% (L1), 20% (L2), 10% (L3-L5), 5% (at each moult)

Fig. 14 Parâmetro "Funil

<u>MONTAGEM</u>

Quando têm um dia de idade, os funis já começaram a comer. A sua pele é agora dura e resistente e só pode ser esticada um pouco. Por isso, têm de crescer perdendo a sua pele de vez em quando, um processo chamado muda. Quando o funil perde a sua pele velha, tem uma pele nova e macia por baixo. Esta expande-se durante um curto período de tempo para permitir o crescimento do funil antes de endurecer. A muda ocorre normalmente 5 a 6 vezes durante o desenvolvimento do gafanhoto do deserto (para além da muda aquando da eclosão).

Fig. 15 Processos de muda no gafanhoto do deserto

<u>INSTARS</u>

A fase de funil do ciclo de vida é, portanto, dividida em cinco fases, sendo os funis por vezes designados por ninfas e as fases de funil por fases de ninfa. Ocasionalmente, também se utiliza a palavra "fase" em vez de "instar". Os gafanhotos do deserto têm 5-6 fases durante o desenvolvimento da fase de funil. Os gafanhotos do deserto têm 3 fases principais no seu ciclo de vida: ovo, funil e adulto. <u>Primeira fase: funil:</u>

As primeiras larvas são de cor esbranquiçada quando recém-eclodidas, mas dentro de 1-2 horas tornam-se maioritariamente pretas. À medida que crescem e estão prontas para a muda, o padrão de cor pálida torna-se mais distinto.

<u>Funil de segunda instância:</u>

Nem sempre é fácil distinguir a segunda fase da primeira, mas com um pouco de experiência é possível ver que o padrão de cores pálidas é mais claro e a cabeça é muito maior. É fácil de distinguir da terceira geração porque ainda não há sinais de crescimento das asas.

<u>A terceira estrela do grupo:</u>

Os terceiros instares podem ser facilmente reconhecidos pelos dois pares de asas que se projetam de cada lado do tórax abaixo do pronoto.

<u>O quarto maior funil:</u>

A cor é agora marcadamente amarela, mais preta quando está frio e menos preta quando está quente. Os botões das asas são maiores e mais proeminentes, mas ainda mais curtos. O comprimento do pronoto mede a linha média.

<u>Funil de quinta estrela:</u>

A cor do quinto instar é amarela brilhante com um padrão preto, que também varia consoante a temperatura. Os botões das asas não são mais compridos do que o poronoto, mas ainda não podem ser utilizados para voar.

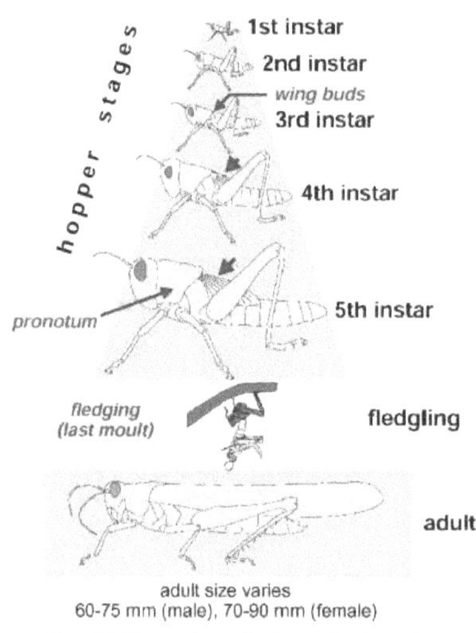

Fig. 16 Fases do gafanhoto do deserto

Fig. 17 Duração das fases do gafanhoto do deserto

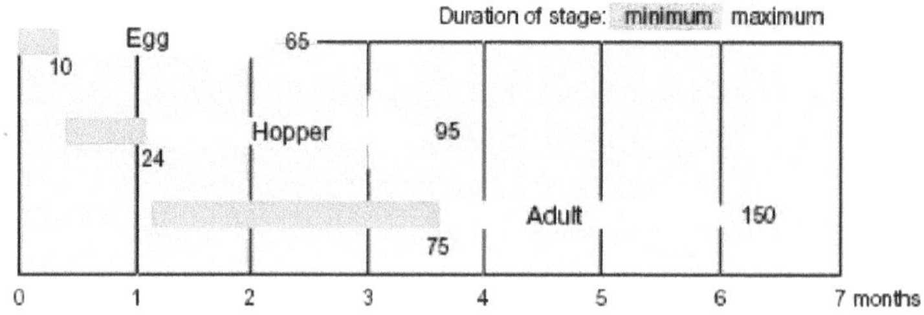

<u>FLEDGING</u>

A última muda é a transição da quinta muda para a fase adulta. Esta transição é designada por "fledging" e o jovem adulto é designado por juvenil. A partir daí, não há mais muda e o gafanhoto adulto já não pode crescer, mas ganha peso gradualmente. Repare nas asas finas, curvadas e pendentes para baixo, que mais tarde são enchidas de sangue e adquirem a sua forma definitiva. O juvenil é cor-de-rosa e as asas, a cabeça e o corpo são relativamente macios. A sua atividade limita-se a correr e a dar pequenos saltos. As aves jovens endurecem gradualmente e podem voar vigorosamente. Os gafanhotos neste estado são designados por adultos imaturos.

Fig. 18: Produção de juvenis no gafanhoto do deserto

MUDANÇA DE FASE

Os gafanhotos do deserto podem ocorrer como indivíduos dispersos dentro da área de recessão ou, quando numerosos, como enxames em toda a área invadida. Quando as condições de reprodução levam a um aumento do número de gafanhotos, os insectos podem mudar a sua cor, comportamento, forma e fisiologia. Nem todos os traços mudam ao mesmo tempo, sendo o comportamento e a cor os que mudam primeiro.

Cor:

Os adultos na fase solitária são provavelmente cinzentos pálidos ou beges quando imaturos, com o macho a tornar-se amarelo pálido à medida que amadurece. Em contrapartida, uma ave adulta na fase de bando (fase gregária) é cor-de-rosa pálido quando imatura e amarelo pálido quando adulta.

Fig. 19. adulto social adultoSolitário   adulto adulto

Comportamento:

Os gafanhotos solitários vivem separadamente, os saltadores não se deslocam em conjunto e os adultos voam geralmente individualmente durante a noite. São muitas vezes difíceis de ver e as suas cores misturam-se com o ambiente que os rodeia. Os gafanhotos sociáveis deslocam-se em enxames coerentes durante o dia. Entre estes dois extremos, existem gafanhotos que apresentam algumas características de gafanhotos solitários e alguns gafanhotos gregários; estes gafanhotos são designados gafanhotos migradores.

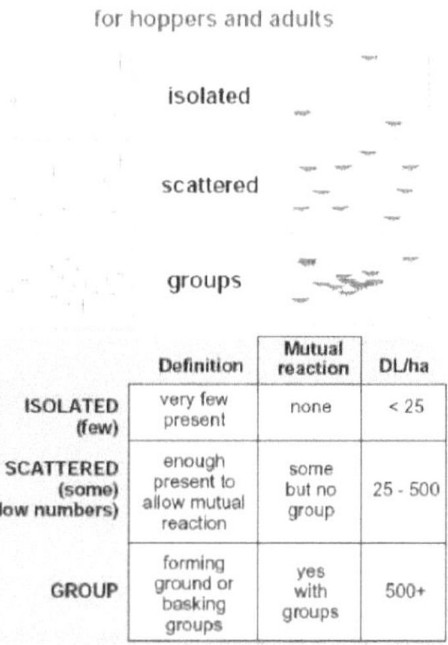

	Definition	Mutual reaction	DL/ha
ISOLATED (few)	very few present	none	< 25
SCATTERED (some) (low numbers)	enough present to allow mutual reaction	some but no group	25 - 500
GROUP	forming ground or basking groups	yes with groups	500+

Fig. 20 Terminologia do comportamento dos gafanhotos do deserto

A forma:

Os cientistas tentaram descrever as alterações de forma que ocorrem através da medição de partes do gafanhoto do deserto. Por exemplo, se o comprimento da asa anterior ou élitro (E) for dividido pelo comprimento da coxa (F) da pata traseira, o rácio é maior nos gafanhotos de um enxame do que nos gafanhotos que vivem individualmente. Estas medidas são designadas por medidas morfométricas.

Fisiologia:

Os gafanhotos solitários põem vagens, cada uma contendo 95-158 ovos. Em laboratório, verificou-se que põem mais de três vagens. As fêmeas dos gafanhotos migratórios põem vagens que contêm geralmente menos de 80 ovos, e põem duas vezes, raramente três vezes.

Os saltitões na fase solitária passam geralmente por 6 fases antes de se reproduzirem. Cada muda é indicada por uma risca distintiva no olho.

Os saltadores ocupados têm sempre 5 voos e um total de 6 riscas oculares, embora o olho possa por vezes ser uniformemente castanho-escuro.

A mudança de comportamento depende de factores ambientais de microescala, como a distribuição espacial de plantas alimentares, e de factores de macroescala, como campos de vento convergentes, que obrigam os gafanhotos a concentrarem-se em áreas relativamente pequenas. A capacidade de comportamento gregário é herdada dos pais para a descendência e aumenta ao longo de várias gerações de agregação (Islam *et al.* 1994ab). A cor dos gafanhotos também muda de castanho nos adultos solitários para rosa nos adultos imaturos e amarelo nos adultos gregários maduros. As alterações comportamentais ocorrem antes da mudança

RECESSÕES E PRAGAS DE GAFANHOTOS DO DESERTO

Em épocas de recessão, os enxames e os enxames de gafanhotos são raros. Na maior parte dos anos, os gafanhotos do deserto estão geralmente limitados aos desertos semi-áridos e áridos de África, do Médio Oriente e do Sudoeste Asiático, onde a precipitação anual é inferior a 200 mm. [2] Trata-se de uma área de quase 16 milhões de quilómetros, abrangendo 30 países. Nesta zona, as baixas densidades de gafanhotos solitários estão constantemente presentes e reproduzem-se em pequena escala em habitats favoráveis. O número de gafanhotos é tão baixo que raramente se formam enxames de gafanhotos e a

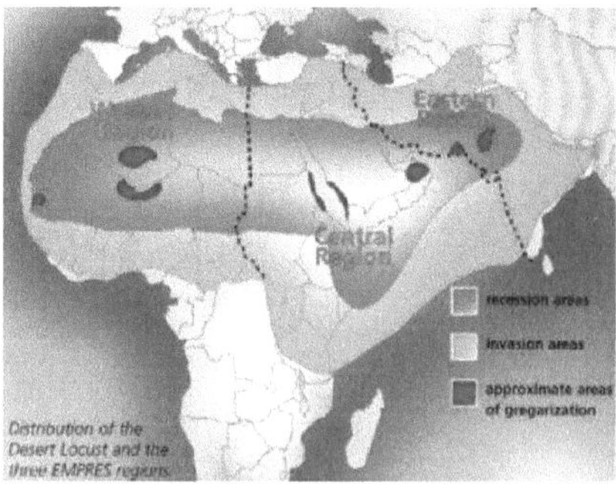

Fig. 21 Área de recessão e invasão do gafanhoto do deserto no
ameaça para as culturas ou para a segurança alimentar do país de acolhimento

é insignificante.

Quando se verifica uma combinação favorável de condições, o número e a densidade de gafanhotos aumentam significativamente, conduzindo à grangerização. Esta situação ocorre em zonas desérticas quando a chuva cai em quantidade e duração suficientes para permitir que os gafanhotos se concentrem e se multipliquem, o que, se não for controlado, pode levar à formação de enxames de gafanhotos. Este fenómeno é geralmente designado por surto. Na sua formação intervêm três processos. São eles a concentração, a multiplicação e a granização. Após duas ou mais épocas consecutivas de reprodução solitária ou agrupada na mesma região ou em regiões vizinhas, pode verificar-se um aumento dramático do número de gafanhotos e a ocorrência simultânea de surtos, o que é comummente designado por surto. Durante este período, tanto a dimensão da população total de gafanhotos como a dimensão dos enxames que compõem essa população aumentam e podem conduzir a uma infestação. Os surtos ocorrem frequentemente, mas não conduzem necessariamente a um surto. Do mesmo modo, a maioria dos surtos desaparece antes de conduzir a uma grande infestação. Durante uma infestação, os gafanhotos do deserto podem espalhar-se por uma enorme área de cerca de 30 milhões de km2, cobrindo a totalidade ou parte de 60 países que constituem mais de 20% da superfície terrestre total do mundo. O gafanhoto do deserto ameaça, assim, a subsistência de um décimo da população mundial. Entre 1860 e 1997, registaram-se nove grandes pragas. As pragas ocorreram em 75% dos anos entre 1860 e 1963, mas apenas em 12% dos anos desde então. A sua duração variou entre um e 22 anos. A última praga ocorreu em 1987-89.

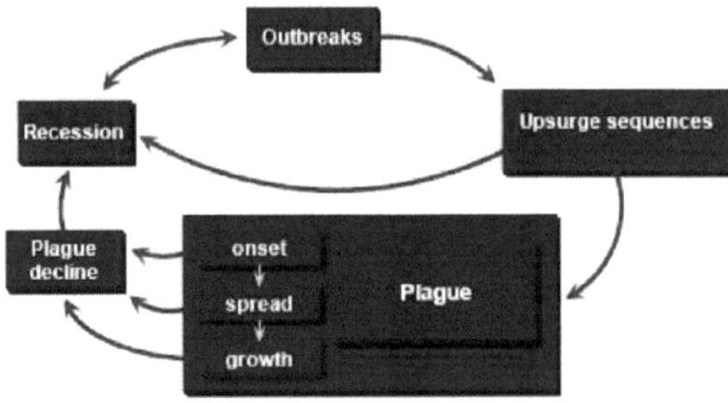

Figura 22: Ciclo das pragas de gafanhotos do deserto

MIGRAÇÃO

A temperatura e o vento influenciam a migração tanto das aves solitárias adultas como dos bandos. As aves solitárias só voam durante algumas horas à noite. Os bandos descolam normalmente várias horas após o nascer do sol e voam durante todo o dia até pouco antes ou pouco depois do pôr do sol. Em dias particularmente quentes, os bandos podem instalar-se por volta do meio-dia e voar novamente durante a tarde.

A temperatura limita a altura do voo. Supõe-se que os enxames voam entre 1.500 e 1.800 metros acima da superfície do solo (Rainey 1963; Schaefer 1976). Todos os bandos maiores voam contra o vento. Em tempo quente e soalheiro, os enxames voam normalmente durante cerca de 10 horas, mas podem também voar continuamente durante 13-20 horas. Um enxame move-se a uma fração da velocidade do vento, uma vez que muitos dos adultos passam algum tempo no solo. A velocidade no solo de um bando é normalmente cerca de 20-50% da velocidade do vento. A taxa média diária de deslocação líquida dos enxames varia entre 5 km em tempo frio e 200 km em tempo quente e com direção do vento constante. Os gafanhotos adultos do deserto e os enxames podem percorrer grandes distâncias num curto espaço de tempo. Por exemplo, atravessam regularmente o Mar Vermelho e o Golfo Pérsico numa distância de mais de 300 km e, por vezes, deslocam-se através do Sara, do Sudão, passando pela Mauritânia, até Marrocos, e de Omã até ao sul do Irão, numa distância de quase 5,00 km (maio de 2009).

Registaram-se algumas migrações de enxames excecionalmente impressionantes, por exemplo, do noroeste de África para as Ilhas Britânicas em 1954. Na migração mais espetacular da história recente, os gafanhotos do deserto atravessaram o Atlântico desde a África Ocidental até às Caraíbas em dez dias, em outubro de 1988, uma distância de cerca de 6000 quilómetros.

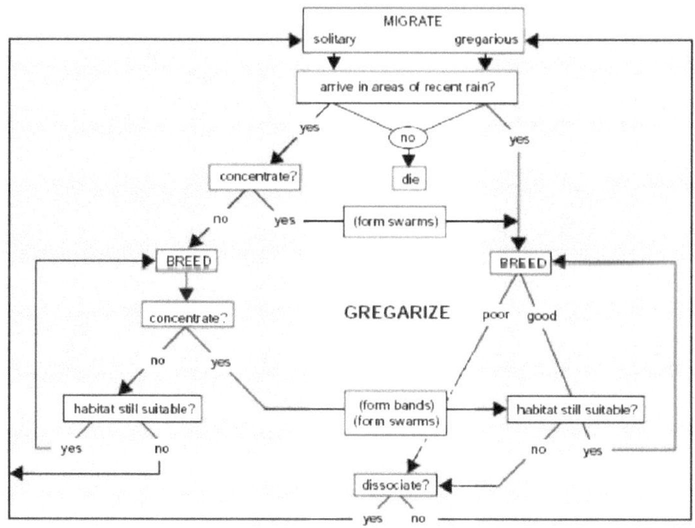

Fig. 23 Diagrama da migração dos gafanhotos do deserto

Fig. 24 Migração do
enxame

<u>CONCLUSÃO</u>

Os gafanhotos do deserto ameaçam as culturas agrícolas há mais de 5.000 anos. Só neste século é que a nossa compreensão do gafanhoto do deserto e da sua relação com a agricultura mudou.

As condições ambientais melhoraram de tal forma que é possível uma melhor gestão desta praga através de melhores estratégias de monitorização e controlo. A utilização de tecnologias modernas ajudou a reduzir as grandes áreas de deserto que têm de ser monitorizadas e tratadas. Não há dúvida de que o ambiente frágil dos desertos de África e do Médio Oriente continuará a mudar no futuro, em parte devido às actividades humanas. É provável que o gafanhoto do deserto se adapte a estas alterações para continuar a sobreviver como no passado. Por conseguinte, o desafio nos próximos anos será adaptar as estratégias de controlo dos gafanhotos do deserto em conformidade e aplicá-las de forma a continuar a garantir a segurança alimentar, minimizando o impacto negativo no ambiente.

O principal objetivo das estratégias de controlo dos gafanhotos é reduzir a população global de insectos e não apenas controlar os insectos dentro ou perto das culturas. Esta é a única forma de proteger as culturas e evitar pragas no caso destas pragas móveis.

Pensa-se que os surtos que conduzem às pragas resultam de uma série de ninhadas bem sucedidas de populações originalmente solitárias. As sequências começam na faixa central seca da zona de recessão. Cada surto requer então uma série de chuvas acima da média em áreas para as quais os gafanhotos do deserto migram em gerações sucessivas. Alguns especialistas acreditam que o controlo das populações de gafanhotos do deserto que se comportam de forma excessiva pode evitar infestações no início das subidas. No entanto, embora as gerações de populações de gafanhotos sejam alvos óbvios para pulverização, a sua destruição não resulta necessariamente numa redução significativa da massa crítica da população, uma vez que os gafanhotos individuais que não são alvos por razões práticas ou económicas migrarão e continuarão a reproduzir-se.

Estes gafanhotos espalham-se em enxames cada vez maiores e tornam-se tão reconhecíveis que é possível conseguir um controlo eficaz.

The Control Process

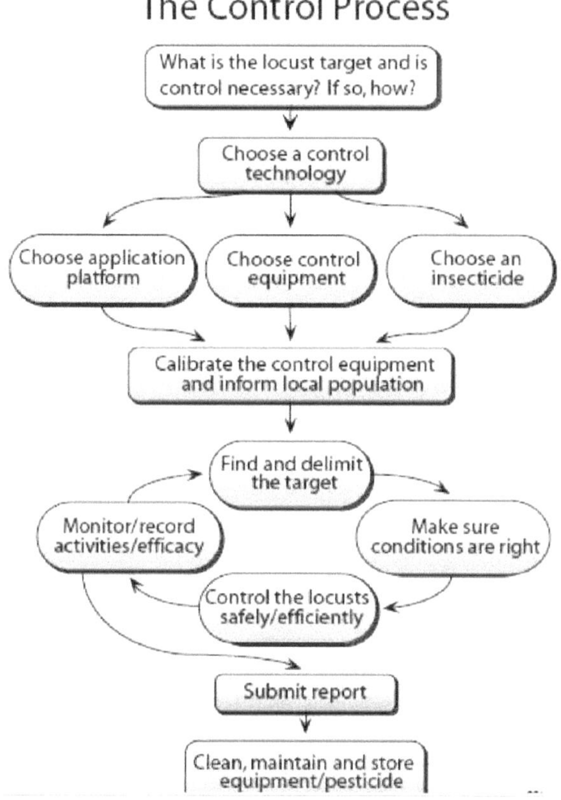

Fig. 25 Estratégia de controlo

Controlo químico:

Atualmente, para os surtos de gafanhotos e gafanhotos, a utilização de insecticidas de largo espetro, muitas vezes em grande escala, é a única medida de controlo eficaz, e ainda não se desenvolveu qualquer resistência a estes produtos químicos para matar eficazmente os gafanhotos. São necessárias 5 coisas:

1- Informações: sobre a localização, a fase de vida, a dimensão e a densidade da infestação.

2- Insecticidas: corretamente seleccionados e aplicados com segurança.

3- Mão de obra formada.

4- Máquinas.

5- Organização: financiamento, aplicação e avaliação dos métodos de controlo e

Campanhas.

Insecticidas:

Para matar os gafanhotos do deserto com um inseticida, estes devem ingeri-lo ou aplicá-lo externamente no seu corpo. Isto é conseguido através de:

<u>Ação através do estômago:</u> O inseticida é aplicado nos alimentos ou dentro deles, quer na vegetação natural quer em iscos especialmente preparados.

Ação de contacto: O inseticida é pulverizado diretamente sobre os gafanhotos do deserto, numa forma frequentemente dissolvida em óleo, de modo a penetrar na cutícula.

Os insecticidas podem ser aplicados na forma seca, como isco ou pó. Em geral, as concentrações de inseticida são baixas nestas formulações. Os insecticidas podem ser utilizados em formulações à base de óleo como aplicações de ultra baixo volume (ULV). Estas formulações são aplicadas numa forma concentrada e não são diluídas com água. As formulações de insecticidas dispersíveis em água apresentam-se sob a forma líquida ou em pó.

Microencapsulação:

A persistência de um inseticida pode ser aumentada revestindo cada gota de inseticida com uma fina película de polímero que reduz a taxa de degradação química. Reduz também a taxa de evaporação entre a emissão e o impacto. Este processo é conhecido como microencapsulamento. As esferas de inseticida são produzidas e fornecidas misturadas com água. Em alternativa, a película de polímero é criada em cada gota depois de a gota ter sido ejectada; este processo é conhecido como encapsulamento em voo. Os ensaios de campo sugerem que o microencapsulamento pode aproximadamente duplicar a persistência de um inseticida, mas à custa de uma morte menos imediata.

No entanto, a duplicação da persistência dos insecticidas de curta duração atualmente utilizados não constitui uma vantagem decisiva. Esta vantagem é compensada pelos custos mais elevados do produto microencapsulado e pela maior quantidade de líquido que tem de ser transportado e aplicado.

Tipo de inseticida utilizado contra os gafanhotos do deserto:

Os gafanhotos e os gafanhotos do deserto adultos podem ser controlados com produtos químicos utilizando uma variedade de métodos de aplicação, tanto a partir do solo como do ar.

A escolha entre estes métodos depende de vários factores, por exemplo, o ambiente, o sistema de cultivo, a população de gafanhotos, as possibilidades técnicas e a disponibilidade de equipamento.

Apresentamos aqui, resumidamente, alguns factores que devem ser considerados antes de escolher um determinado método de aplicação. Estes factores podem ser considerados sob os seguintes títulos:

Onde estão os gafanhotos? Qual é a fase dos gafanhotos? Quais são os problemas económicos e administrativos?

Onde estão os gafanhotos?

As infestações podem ocorrer em áreas cultivadas e povoadas, bem como em áreas remotas, longe do cultivo e da ocupação humana. Nas zonas cultivadas, há normalmente muitas pessoas que têm um interesse direto e imediato no controlo dos gafanhotos para proteger as suas culturas. Estas pessoas podem geralmente ser persuadidas a executar elas próprias as medidas de controlo e, para este efeito, os métodos de isco e de polinização são geralmente ideais devido à sua simplicidade e à facilidade de distribuição dos produtos. Isto aplica-se à fase do funil, mas também quando os enxames invadem as áreas cultivadas. O agricultor individual pouco pode fazer.

O controlo dos enxames só pode ser efectuado com êxito com aviões e é da responsabilidade dos serviços de proteção das plantas.

Os serviços de proteção fitossanitária dispõem, normalmente, da maior parte dos seus recursos nas zonas cultivadas e nas suas imediações, de modo que as máquinas de pulverização podem ser utilizadas nessas zonas se a infestação for demasiado grande para ser gerida por agricultores individuais.

Quando os gafanhotos do deserto ocorrem no deserto ou noutras zonas remotas, o seu controlo é efectuado por equipas especialmente equipadas. Se houver mão de obra suficiente, a infestação pode ser controlada com funis, colocando iscos e pulverizando as áreas cultivadas, mas muitas vezes não há mão de obra disponível e a pulverização é necessária. Se a infestação for grande, é necessário efetuar uma pulverização aérea.

O que é a fase dos gafanhotos?

<u>Ovos:</u> Os enxames que põem os seus ovos põem dezenas ou mesmo centenas de cápsulas de ovos num metro quadrado. O ataque às poedeiras parece ser um bom método de controlo e, no passado, os ovos eram destruídos por escavação. No entanto, a localização das ninhadas não é conhecida, a não ser que alguém tenha visto o enxame a pôr ovos e tenha marcado o local e, na prática, apenas uma pequena parte das ninhadas que constituem uma grande infestação é descoberta. Além disso, as abelhas eclodem geralmente em vagas durante um período de dias ou mesmo de semanas. É por isso que é necessário utilizar um inseticida persistente ou um tratamento. A mesma cama repetidamente. Já não é adequado. A destruição dos tampões mostra que o controlo é fraco. Atacar a oviposição não é atualmente um método de luta viável.

Saltitões:

As pequenas bandas nos contentores podem ser destruídas através de isco ou pulverização após as bandas. Se as cintas forem numerosas ou estiverem muito espaçadas, o isco e a pulverização podem ser efectuados a partir do veículo, mas a utilização de pulverizadores exige menos do transporte de abastecimento.

A pulverização direccionada com um pulverizador adequado é provavelmente o método ideal e deve ser considerada.

Adultos:

A fase adulta é a mais difícil de controlar. Os adultos aparecem em enxames, que são muito móveis, ou dispersos, de modo que os enxames podem geralmente ser destruídos com sucesso. Estas operações requerem não só aviões e pilotos adequados, mas também forças terrestres extensas, localizadas em pistas de aterragem devidamente situadas.

No entanto, se um enxame se instalar perto de um posto de controlo de gafanhotos ou de proteção fitossanitária, pode recorrer-se à polinização, ao isco e à pulverização com pulverizadores fitossanitários.

[2]Controlar um enxame de 60 km, que pode conter 2000 milhões de gafanhotos, com isco é comparável a pulverizar o mesmo enxame com aviões. Enquanto a equipa de terra provavelmente só dispõe de uma única noite antes de o enxame voar para longe, o avião pode provavelmente controlá-lo durante vários dias seguidos. Se um enxame se instalar numa zona durante vários dias, pode ser controlado por equipas de controlo terrestres e por aeronaves de pulverização aérea com pulverizadores de veículos durante esse período.

Quais são os problemas económicos e administrativos?

Os factores desta categoria variam de país para país e só é possível dar aqui uma breve indicação das questões que podem estar envolvidas. As infestações de gafanhotos do deserto ocorrem frequentemente em zonas de subemprego e podem agravar os tempos difíceis nessas condições devido aos danos causados às culturas. Pode fazer sentido que os governos empreguem um grande número de trabalhadores para ajudar a população, caso em que a pulverização, o isco manual e a polinização são métodos de controlo adequados.

Métodos de aplicação:

O inseticida é administrado ou oferecido aos gafanhotos do deserto de uma de três formas:

1) Isco 2) Pó 3) Pulverização

Todas as formas são utilizadas para matar por ação gástrica; o pó e o spray são também utilizados para matar por ação de contacto.

Fig. 26 Limpar o pó

Isco:

Os iscos são geralmente produzidos pela própria organização de luta contra os gafanhotos. O inseticida ou o inseticida e o agente de controlo biológico são misturados com um material, o transportador, que os gafanhotos do deserto gostam de comer.

Para a mistura com o agente de transporte, é necessário escolher um inseticida com elevada toxicidade estomacal para os gafanhotos e que esteja disponível numa forma conveniente. Atualmente, os carbamatos como o bendicarbe, o sevin e o propoxur são normalmente utilizados como iscos.

Os testes demonstraram que os seguintes produtos são os melhores suportes para isco de gafanhoto: Farinha de milho, celeiro de trigo, celeiro de milho, cascas de sementes de algodão e celeiro de arroz. A escolha do veículo depende do que

No entanto, há que ter em conta que o material mais barato na origem não pode ser o mais barato a longo prazo se os gafanhotos não gostarem dele.

Uma grande parte dos custos do isco é gasta no transporte do isco até aos gafanhotos, pelo que não vale a pena suportar os custos de transporte se o material não produzir bons resultados quando chega aos gafanhotos.

A eficácia do isco depende claramente da concentração do inseticida que contém. A concentração é geralmente de 1-2% de ingrediente ativo.

Como misturar o isco:

Ao misturar o isco, é importante não misturar demasiado de uma só vez, uma vez que isso conduz a uma distribuição desigual do inseticida, tornando parte dele ineficaz. O isco é feito a partir de um veículo selecionado e de um inseticida: Utilizam-se 10 kg de pó de bendicarbe ou 50 kg de pó de propoxur a 1% ou 25 kg de pó de propoxur a 2% por cada 200 kg de farelo de trigo (ou veículo selecionado).

Fig. 27 Isco

Métodos de aplicação do isco:

O isco pode ser utilizado para controlar tanto os fungos como os adultos, mas é sobretudo utilizado contra os fungos. Pode ser utilizado contra todas as fases da traça, mas dá resultados muito fracos durante os últimos 2-3 dias da quinta fase e durante o período de muda. É particularmente útil para o controlo das cigarrinhas migratórias quando há pouca vegetação anual e muito solo nu.

O isco é eficaz contra os gafanhotos adultos que se instalam no solo, por exemplo, de manhã antes da partida, e é um dos métodos mais seguros para utilização nas culturas. Foi utilizado com bastante sucesso contra enxames no Sudão.

Estudos demonstraram que os melhores resultados são alcançados quando se utiliza o seguinte método:

1. Procurar funis e atraí-los nas fases iniciais, se possível.
2. De facto, espalhe o isco por baixo dos funis. Só comerão o isco se o encontrarem no seu caminho. Não são atraídos à distância. A perturbação causada pela passagem do isco é apenas temporária.
3. Espalhe o isco de forma fina e homogénea para dar aos funis uma área tão vasta quanto possível para se alimentarem. Para o efeito, atirar o isco para o ar e deixá-lo flutuar ao sabor do vento. Não receie que o vento separe o inseticida do veículo; não parece ser esse o caso com um isco bem misturado.
4. Se possível, iniciar o isco na parte da frente de uma mão. Deste modo, os funis de ataque serão interrompidos. Em seguida, espalhar o isco em toda a zona da faixa ou, se se tratar de uma faixa muito grande, em toda a zona com funis mais densos.
5. Se possível, distribuir o isco a partir de um camião.
6. Não colocar isco se os fungos não pararem imediatamente para se alimentarem. Isto significa geralmente que o solo está demasiado quente ou que os fungos estão prestes a mudar de penas.
7. Qualquer isco deixado no chão depois de uma teia de funil ter sido

morta é desperdiçado. Foi utilizado demasiado isco. É claro que se desperdiça alguma quantidade durante os esforços de controlo extensivos, mas isso deve e pode ser minimizado. A investigação no terreno mostrou que as taxas de morte obtidas com iscos são muito variáveis, não só para diferentes fases mas também em diferentes alturas para as mesmas fases. Além disso, se a densidade de gafanhotos em diferentes fases e comportamentos for conhecida, a quantidade de isco necessária para matar um hectare de gafanhotos do deserto pode ser calculada de forma aproximada.

Se o isco não for bem sucedido, é provavelmente devido a este facto:

- O isco foi colocado no sítio errado.

- O isco era velho.

- Os gafanhotos do deserto não pararam para se alimentar porque o solo estava demasiado quente ou porque estavam prestes a fazer a muda.

- Os gafanhotos do deserto deixaram de se alimentar, mas não comeram isco suficiente para receber uma dose letal do inseticida, especialmente durante os últimos 2-4 dias do quinto instar.

As vantagens do isco são:

1. Não são necessárias máquinas.

2. Pode ser efectuada por mao de obra relativamente pouco qualificada em zonas subdesenvolvidas e remotas.

3. Pode ser fornecida aos agricultores para protegerem os seus campos dos grupos de tremonhas.

4. O resultado é espantoso e pode ser visto rapidamente: os gafanhotos mortos e secos podem ser vistos logo após terem comido o isco.

5. Fornecem mão de obra sazonal que é benéfica para a economia geral desses países.

6. É um método conveniente para controlar pequenos bandos

dispersos. As desvantagens do isco são as seguintes

1. Requer um transporte pesado e salas de armazenamento espaçosas.

2. Requer muita mão de obra que poderia ser utilizada noutros trabalhos.

3. É um processo moroso.

4. O suporte do isco, o celeiro, pode ser de natureza diferente, uma vez que é utilizado como alimento para animais.

Fig. 28 Como fazer o isco

Pulverização:

Neste método de luta contra os gafanhotos, um inseticida líquido é dividido em gotas finas e pulverizado sobre os gafanhotos ou sobre a vegetação de que se alimentam. A pulverização pode ser efectuada a partir do solo ou de um avião.

A pulverização pode ser efectuada com êxito com muitos tipos de máquinas. As emulsões em suspensão ou as soluções oleosas de insecticidas requerem formulações especiais e deve ser selecionada uma máquina de pulverização adequada.

Até há cerca de 30 anos, todos os insecticidas líquidos eram aplicados em grandes quantidades diluídas em água. Isto causava problemas no combate aos gafanhotos do deserto, uma vez que a água tinha frequentemente de ser transportada a longas distâncias. Reconheceu-se que era possível tratar áreas muito maiores de forma mais rápida e económica. Se o insecticida fosse aplicado em concentrações elevadas, numa formulação especialmente preparada e eficazmente volátil. Esta é a base da pulverização ULV (ultra-low volume).

Characteristics of ULV spraying

- ***very low volumes*** (0.3 - 3 l/ha), compared with 100s or 1000s for other spraying
- ***oil based formulations*** to stop evaporation
- ***no mixing*** - the ULV formulation is supplied ready to spray
- ***the wind carries droplets*** to the target and impacts them on it
- ***spray liquid is often quite concentrated*** - the active ingredient for one hectare is contained in a very small volume of spray liquid

Fig. 29 Características da pulverização ULV

No entanto, é evidente que um material tão concentrado deve ser distribuído por uma grande área e deve acumular-se nos gafanhotos do deserto e na vegetação e não simplesmente chover, ou seja, devem ser utilizadas gotículas muito pequenas, que são distribuídas pelo vento.
Embora simples em teoria, a aplicação de pulverização é mais complicada e variável na prática, e a técnica ideal para a situação energética é ainda largamente indeterminada. No entanto, os conselhos dados aqui conduzirão a bons resultados.

cessar a produção:

Todos os pulverizadores produzem gotas numa gama de tamanhos conhecida como espetro de gotas. As gotas são medidas pelo altímetro em milionésimos de metro (μT).
Os termos frequentemente utilizados em relação à pulverização são:

1. O diâmetro médio volúmico (VMD) é o diâmetro das gotas em que metade do volume total da pulverização é constituído por gotas pequenas e metade por gotas maiores.

2. Número de diâmetros médios (NMD), ou seja, o diâmetro da gota em que

metade das gotas pulverizadas são pequenas e metade são grandes.
O NMD é sempre menor do que o VMD. O rácio VMD/NMD é uma medida
da dispersão do espetro de gotas. Este rácio não tem um significado
normalizado em relação ao espetro de gotas, embora um rácio pequeno
indique um espetro de gotas mais estreito do que um rácio grande. Não
existe um parâmetro único que represente totalmente o espetro de gotas.

Fig. 30 VMD e NMD

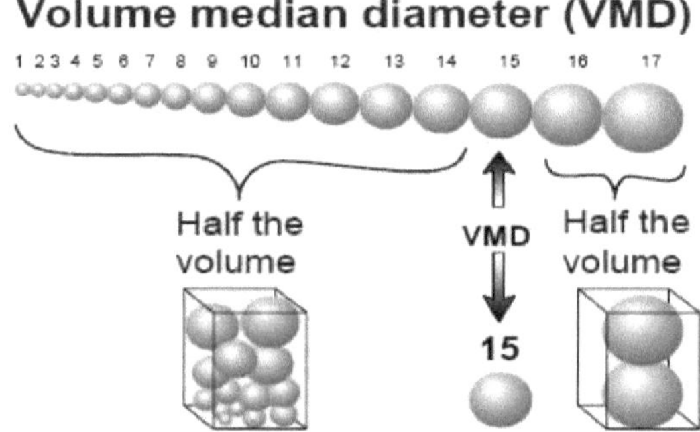

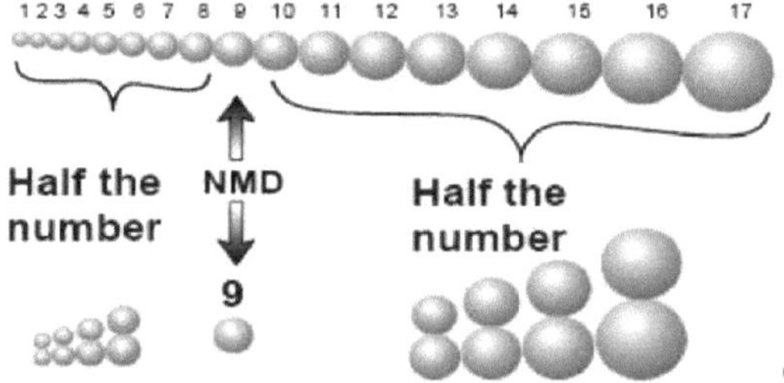

<u>Comportamento de queda:</u>

As únicas gotas eficazes são as que atingem o gafanhoto do deserto ou que deixam um resíduo na vegetação, que é depois consumida pelo inseto. As gotas caem verticalmente por gravidade, variando em função da velocidade do vento, e podem ser transportadas para cima por convecção térmica, sendo a velocidade de deslocação nos três diâmetros função do tamanho da gota.

O volume da gota é dado por d3/6, onde é o diâmetro da gota. Se tivermos o diâmetro, obtemos 8 gotas pequenas por cada gota grande. Por exemplo, uma gota de 200 pm dá 8 gotas de 100 pm, 64 gotas de 50 pm e 1000 gotas de 20 pm de diâmetro.

Fig. 31 Tamanho da gota

Droplet size and number

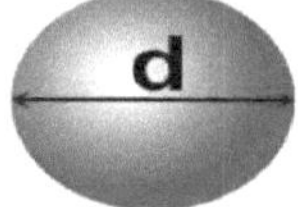

<u>Largura da faixa e espaçamento entre rastos:</u>

As gotas são transportadas pelo vento e depositam-se numa faixa do solo.

A área onde a deposição começa e termina é uma faixa larga.

A largura da faixa aumenta com a altura do jato de pulverização e é proporcionalmente maior com gotas mais pequenas.

A distância interna entre as passagens de pulverização é referida como o espaçamento entre rastos. Quando se pulverizam gotas grandes com ventos fracos ou quando não há vento, o espaçamento entre as faixas corresponde aproximadamente à largura da faixa, já que as gotas grandes caem diretamente no solo. A maior parte da pulverização que não é feita com gafanhotos utiliza concentrados emulsionáveis que são aplicados quando não há vento, e os termos espaçamento entre rastos e largura de faixa são muitas vezes confundidos por engano, o que pode levar a confusão.

Seringas com concentrados emulsionáveis (EC):

O objetivo da pulverização aérea com concentrados emulsionáveis (CE) é utilizar uma gota grande que caia rapidamente e pulverizar em ar parado ou com ventos fracos. A largura da faixa é apenas ligeiramente maior do que a envergadura da asa e o espaçamento entre rastos é normalmente apenas ligeiramente menor do que a faixa.um veículo de controlo preciso que marca o fim das passagens. A maior parte da pulverização aérea é efectuada desta forma, utilizando uma série de bicos dispostos de modo a produzir uma distribuição uniforme. A pulverização terrestre CE é geralmente utilizada apenas para tratar áreas relativamente pequenas (não blocos) com pulverizadores de mochila. A técnica consiste em pulverizar com gotas grandes com vento fraco ou quando não há vento, com a distância entre os rastos a corresponder aproximadamente à largura da faixa. As gotas caem num padrão razoavelmente uniforme numa faixa de 1 metro de largura. Os bicos montados na barra de um trator são raramente utilizados.

porque raramente estão disponíveis e porque a maior parte do terreno onde se encontram as correias transportadoras é demasiado irregular para a utilização destes dispositivos.

Fig32. Pulverização Ec

<u>Seringas de volume ultra-baixo (ULV):</u>

Quando se utiliza material ULV, devem ser aceites as definições e os caudais especificados no manual do fabricante. Para ter a certeza das taxas de emissão reais, é altamente desejável uma aeronave com um medidor de caudal. Um medidor de caudal é muito preciso, mas deve ser verificado sempre que possível.

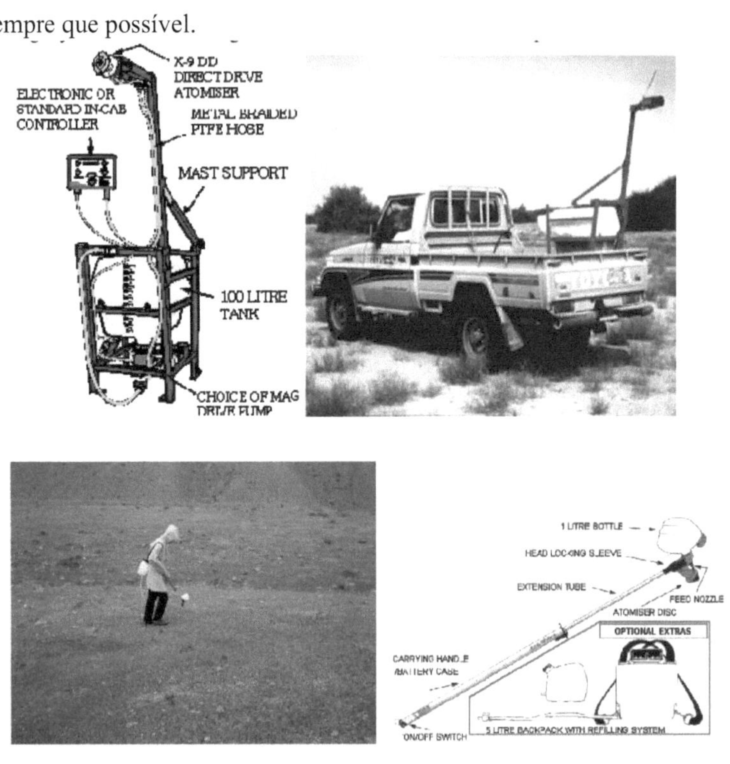

Fig33. Seringas ULV

REFERÊNCIA:

1. Monitoring desert locusts in the Middle East: An overview, Keith Cressman, FAO, and AGP Division.

2. Investigação das áreas suspeitas de surto de gafanhoto do deserto no Irão, G. Popov, M.B.E., desert locust survey, Nairobi. 1953.

Índice

I want morebooks!

Buy your books fast and straightforward online - at one of world's fastest growing online book stores! Environmentally sound due to Print-on-Demand technologies.

Buy your books online at
www.morebooks.shop

Compre os seus livros mais rápido e diretamente na internet, em uma das livrarias on-line com o maior crescimento no mundo! Produção que protege o meio ambiente através das tecnologias de impressão sob demanda.

Compre os seus livros on-line em
www.morebooks.shop

info@omniscriptum.com
www.omniscriptum.com

Printed by Books on Demand GmbH, Norderstedt / Germany